Neha Omgy

Bioactivos alimentares e óleos essenciais de limão e laranja doce

Neha Omgy

Bioactivos alimentares e óleos essenciais de limão e laranja doce

Imprint
Any brand names and product names mentioned in this book are subject to trademark, brand or patent protection and are trademarks or registered trademarks of their respective holders. The use of brand names, product names, common names, trade names, product descriptions etc. even without a particular marking in this work is in no way to be construed to mean that such names may be regarded as unrestricted in respect of trademark and brand protection legislation and could thus be used by anyone.

Cover image: www.ingimage.com

This book is a translation from the original published under ISBN 978-620-6-77366-5.

Publisher:
Sciencia Scripts
is a trademark of
Dodo Books Indian Ocean Ltd. and OmniScriptum S.R.L publishing group

120 High Road, East Finchley, London, N2 9ED, United Kingdom
Str. Armeneasca 28/1, office 1, Chisinau MD-2012, Republic of Moldova, Europe
Printed at: see last page
ISBN: 978-620-7-91489-0

AVALIAÇÃO DA ACTIVIDADE FITOQUÍMICA, ANTIOXIDANTE E ANTIBACTERIANA DOS ÓLEOS ESSENCIAIS DE LIMÃO E LARANJA DOCE

ÍNDICE

AVALIAÇÃO DA ACTIVIDADE FITOQUÍMICA, ANTIOXIDANTE E ANTIBACTERIANA DOS ÓLEOS ESSENCIAIS DE LIMÃO E LARANJA DOCE

RESUMO

Antecedentes: Os citrinos têm algumas propriedades antioxidantes e antimicrobianas. O objetivo deste estudo foi determinar os compostos químicos, as actividades antioxidantes e antimicrobianas do óleo essencial (OE) da casca do limão (Citrus limon) e da laranja doce (Citrus sinensis). Os óleos essenciais são destilados dos compostos voláteis do metabolismo secundário de uma planta e podem atuar como agentes fotoprotectores. O seu efeito curativo é conhecido desde a Antiguidade. Baseia-se numa variedade de propriedades farmacológicas específicas de cada espécie vegetal. A atividade antibacteriana do óleo de casca de laranja e do óleo de casca de limão foi analisada contra E.coli, E. faecalis e S.aureus.

Método: A atividade antibacteriana dos óleos essenciais em diferentes concentrações foi analisada utilizando o método de difusão em disco e a zona de inibição foi medida em mm de diâmetro. A análise fitoquímica foi efectuada utilizando os métodos padrão de análise. A atividade antioxidante dos óleos essenciais foi avaliada utilizando o ensaio de eliminação do radical 2,2 - difenil 1-picrilhidrazil (DPPH).

Resultados: Os óleos essenciais das cascas de limão e laranja apresentaram valores consideráveis de actividades antibacterianas e antioxidantes e a presença da maioria dos fitoquímicos.

Palavras-chave: Óleo de casca de laranja, Óleo de casca de limão, Antibiótico, Antibacteriano, Fitoquímicos

1. INTRODUÇÃO

Nos últimos anos, o desejo dos consumidores por ingredientes naturais e alimentos sem conservantes químicos aumentou a popularidade dos agentes antimicrobianos naturais. A maioria das propriedades das espécies de citrinos deve-se aos seus óleos essenciais (OE) e a outros componentes secundários dos metabolitos das plantas (Fisher e Phillips, 2009). Os OE têm propriedades bem reconhecidas, tais como propriedades antimicrobianas e antioxidantes. Devido ao seu estatuto relativamente seguro, os OE têm algumas aplicações generalizadas na medicina, nas indústrias farmacêutica e cosmética e na indústria alimentar (Moosavy et al., 2008).

Os citrinos e os sumos são fontes importantes de antioxidantes, como o ácido ascórbico, os flavonóides e também os compostos fenólicos. As cascas de citrinos, como resíduos agro-industriais, são fontes potenciais de OE (Fernandez-Lopez et al., 2005). Uma vez que o OE dos citrinos se encontra principalmente na casca do fruto, se for efectuada uma reciclagem adequada desta casca, pode obter-se um produto valioso sob a forma de óleo de casca. São uma fonte rica em vitamina C, A, E, alcalóides e flavonóides, bem como noutros minerais. Os citrinos são originários da Ásia tropical, subtropical e oriental e são consumidos em todo o mundo como uma fonte rica em vitamina C e outros minerais e uma boa fonte de vitamina A e contêm uma poderosa atividade natural antioxidante, antiviral, antifúngica e antibacteriana que constrói um sistema imunitário forte.

Citrus limon - Limão

O limão é uma importante planta medicinal da família Rutaceae. É cultivado principalmente pelos seus alcalóides, que têm actividades anticancerígenas e foi relatado o potencial antibacteriano em extractos brutos de diferentes partes (folhas, caule, raiz e flor) do limão contra estirpes bacterianas clinicamente significativas (Kawaii et al., 2000). Os flavonóides dos citrinos têm um amplo espetro de atividade biológica, incluindo actividades antibacterianas, antifúngicas, antidiabéticas, anticancerígenas e antivirais (Burt, 2004; Ortuno et al., 2006).

Citrus sinensis - laranja doce

A laranja, consumida em todo o mundo, é uma importante fonte de vitamina C e de compostos polifenólicos, possuindo também uma elevada atividade antibacteriana. Os flavonóides dos citrinos têm uma vasta gama de propriedades terapêuticas, incluindo actividades anti-inflamatórias, diuréticas, analgésicas e hipolipidémicas. As concentrações de componentes antioxidantes variam entre as diferentes partes da laranja e, por conseguinte, a atividade antioxidante das partes da laranja também pode variar. Em geral, a casca do fruto contém uma maior concentração de substâncias antioxidantes do que a polpa do fruto. O objetivo deste estudo foi determinar as actividades fitoquímicas, antioxidantes e antimicrobianas do OE da casca de limão (Citrus limon) e do OE da casca de laranja (Citrus sinensis). Os óleos essenciais são extraídos com metanol como solvente. Os fitoquímicos analisados foram alcalóides, flavonóides, taninos, saponinas, glicosídeos, esteróis e terpenóides. A presença destes fitoquímicos tem muitos benefícios para a saúde, como a estimulação do sistema imunitário, a proteção das células e do ADN contra danos e a inibição de reacções inflamatórias.

2. <u>FINALIDADE E OBJECTIVOS</u>

2.1 AIM

Avaliação da atividade fitoquímica, antioxidante e antibacteriana dos óleos essenciais de limão e laranja doce.

2.2 OBJECTIVOS

- Extração de óleos essenciais de cascas de laranja e de limão.
- Análise fitoquímica para identificação de fitoquímicos em ambas as amostras.
- Demonstração da atividade antibacteriana.
- Demonstração da atividade antioxidante.

3. REVISÃO DA LITERATURA

Os citrinos, como a laranja e o limão, pertencem à família Rutaceae. Tanto a laranja como o limão têm um elevado teor de fitoquímicos que têm muitos efeitos protectores e saudáveis nos seres humanos. São também conhecidos por terem boas propriedades antibacterianas que podem ajudar a prevenir doenças. As laranjas são ricas em vitamina C, que pode ajudar a reduzir os danos celulares e a inflamação e diminui o risco de doenças cardíacas. Um dos fitoquímicos presentes principalmente nos citrinos são os flavonóides, que possuem um nível considerável de actividades antibacterianas, antivirais, antidiabéticas e anticancerígenas. Tanto as laranjas como os limões têm propriedades antioxidantes elevadas e são saudáveis para incluir na dieta dos seres humanos.

Em 2001, Gorinstein, S., O. Martin-Belloso, Y. Park, R. Haruenkit e M. Ciz realizaram experiências sobre a comparação de algumas características bioquímicas de diferentes citrinos. O objetivo desta investigação foi avaliar as propriedades antioxidantes de alguns citrinos. Os teores de fibra alimentar, polifenóis totais, fenólicos essenciais, ácido ascórbico e alguns oligoelementos dos limões, laranjas e toranjas foram determinados e comparados com o seu potencial antioxidante total de captura de radicais (TRAP). Não se registaram diferenças significativas nos teores de fibra alimentar total, solúvel e insolúvel nos frutos descascados estudados ou nas suas cascas. Os teores de fibra alimentar total, solúvel e insolúvel nas cascas foram significativamente mais elevados do que nos frutos descascados.

Foram efectuados estudos sobre os métodos padronizados para a determinação da capacidade antioxidante e dos fenólicos em alimentos e suplementos dietéticos. Os métodos disponíveis para a medição da capacidade antioxidante foram revistos, apresentando a química geral subjacente aos ensaios, os tipos de moléculas detectadas e as vantagens e deficiências mais importantes de cada método. Esta visão geral fornece uma base e fundamentação para o desenvolvimento de métodos padronizados de capacidade antioxidante para as indústrias alimentar, nutracêutica e de suplementos dietéticos (Ronald L Prior, Xianli Wu, Karen Schaich, 2005).

Os citrinos têm uma atividade antioxidante considerável. Anagnostopoulou MA, Kefalas P, Papageorgiou VP, Assimopoulou AN, Boskou D (2006) fizeram as suas experiências para provar a atividade de eliminação de radicais de vários extractos e fracções de casca de laranja doce *(Citrus sinensis)*. Sete extractos, fracções e resíduos diferentes de casca de laranja doce *(Citrus sinensis)* foram avaliados quanto à sua atividade de eliminação de radicais pelos métodos de quimioluminescência DPPH e luminol. A atividade antioxidante encontrada nas fracções de *Citrus sinensis* deve ser atribuída à presença de flavonóides e outros compostos fenólicos. Esta informação mostra que a fração de acetato de etilo da casca da laranja doce de umbigo pode ser utilizada como antioxidante em preparações alimentares e medicinais. Os resultados mostraram que as fracções metanólicas possuíam uma atividade significativa de eliminação de radicais.

Os citrinos, como a laranja, apresentam uma atividade antibacteriana considerável contra determinados organismos. Moghadam M Nakhaei (2009) realizou trabalhos experimentais sobre a atividade antimicrobiana invitro do extrato metanólico da casca de laranja *(Citrus sinensis')* contra isolados clínicos de *Helicobacter pylori*. A infeção por *Helicobacter pylori* pode ser erradicada por uma combinação de agentes terapêuticos, mas por vezes a cura assim alcançada é incompleta e é certo que ocorrerão efeitos secundários indesejáveis. Tendo em conta a utilização da casca de laranja para tratar perturbações digestivas na medicina tradicional e o aumento do desenvolvimento da resistência da *Helicobacter pylori* aos antibióticos, decidimos avaliar a atividade anti-Helicobacter pylori da casca de laranja.

Em 2009, Singh Amandeep, Ahmed R Bilal, A Bevguni estudaram a atividade antibiótica invitro do óleo volátil isolado de Citrus sinensis. O principal objetivo deste estudo foi que, devido à crescente preocupação com o desenvolvimento de resistência antimicrobiana entre as bactérias patogénicas, foram procuradas estratégias alternativas que não utilizam antibióticos para reduzir as bactérias patogénicas dos alimentos e dos pacientes. Um composto natural que possui propriedades antimicrobianas potentes é a casca de citrinos, que contém uma variedade de óleos essenciais que inibem o crescimento ou matam bactérias patogénicas. Além disso, o objetivo do estudo é verificar a possível atividade antimicrobiana do óleo de citrinos. Para tal, isolámos o óleo volátil da casca fresca de citrus sinensis recolhida no mercado. A atividade antibacteriana do óleo foi avaliada contra *Bacillus subtilis* e *Escherichia coli*. Por conseguinte, no futuro, vários fitoconstituintes à base de citrinos podem ser utilizados no tratamento de certas doenças que ameaçam a vida.

Foram realizados vários estudos para a análise da atividade antimicrobiana dos citrinos. Em 2011, Maruti J. Dhanavade, Chidamber B. Jalkute, Jai S. Ghosh e Kailash D. Sonawane estudaram a atividade antimicrobiana do extrato de casca de limão *(Citrus limon)*. O estudo visava a extração e identificação de compostos antimicrobianos e a demonstração da atividade antimicrobiana da casca de limão (*Citrus limon*) contra bactérias. Como os microrganismos estão a tornar-se resistentes aos antibióticos actuais, o estudo centrou-se na atividade antimicrobiana e no futuro potencial profilático da casca de limão. Os óleos de casca de citrinos apresentam uma forte atividade antimicrobiana. A atividade antimicrobiana foi verificada em termos de CIM utilizando diferentes solventes contra microrganismos como *Pseudomonas aeruginosa, Salmonella typhimurium e Micrococcus aureus.* Os compostos como a cumarina e o tetrazeno foram identificados a partir do extrato de casca de limão.

Foram feitas experiências para avaliar a atividade antimicrobiana e a análise fitoquímica das cascas de citrinos. A avaliação da atividade antimicrobiana é muito útil, uma vez que permite o tratamento e a prevenção de determinadas infecções patogénicas. K Ashok Kumar, M Narayani, A Subanthini, M Jayakumar fizeram experiências para a análise fitoquímica e a atividade antimicrobiana (2011). Na sua experiência, a atividade antibacteriana de cinco extractos de solventes diferentes (acetato de etilo, acetona, etanol, éter de petróleo e água) preparados pelo extrator Soxhlet a partir de duas cascas de citrinos

(Citrus sinensis e *Citrus limon)* foi analisada contra cinco bactérias patogénicas *Staphylococcus aureus, Bacillus subtilis, Escherichia coli, Klebsiella pneumonia* e *Salmonella typhi.* O extrato da casca de *Citrus sinensis* e *Citrus limon* pode ser considerado tão potente como os antibióticos, tais como a meticilina e a penicilina. A análise fitoquímica dos extractos de casca de citrinos revelou a presença de flavonóides, saponinas, esteróides, terpenóides, taninos e alcalóides.

Os antioxidantes são substâncias, compostos ou nutrientes presentes nos nossos alimentos que podem prevenir ou retardar os danos oxidativos no nosso organismo. É bem conhecido que os polifenóis derivados da planta têm uma notável atividade antioxidante e de eliminação de radicais livres, resultando em múltiplos efeitos fisiológicos nutricionais benéficos nos seres humanos. A avaliação da atividade antibacteriana e antioxidante do extrato metanólico e hidrometanólico de casca de laranja doce foi realizada por Dayanand Dubey, K Balamurugan, RC Agrawal, Rahul Verma, Rahi Jain (2011). O óleo essencial obtido a partir de citrinos tem excelentes propriedades antimicrobianas e é utilizado na indústria cosmética. Os medicamentos antimicrobianos matam os micróbios (microbicidas) ou impedem o seu crescimento (microbiostáticos). Os desinfectantes são substâncias antimicrobianas utilizadas em objectos não vivos. Os citrinos são conhecidos por serem agentes antimicrobianos potentes contra bactérias e fungos. Estes citrinos são uma fonte rica de flavanonas e de muitas flavonas polimetoxiladas que são muito raras noutras plantas. As propriedades antimicrobianas e antioxidantes da casca e da polpa de alguns citrinos foram investigadas nesta experiência.

As experiências sobre a atividade antimicrobiana e antioxidante da polpa e da casca de laranja foram realizadas por Mamta Arora e Parminder Kaur (2013). A atividade antioxidante in vitro da casca e da polpa de laranja foi avaliada utilizando três métodos diferentes (poder redutor, método do ácido gálico e atividade de eliminação de DPPH). Foram avaliadas as actividades antioxidantes in vitro destas duas amostras. A experiência provou que as cascas e a polpa de laranja podem ser uma utilização alternativa nas indústrias alimentar, farmacêutica e cosmética. Esta descoberta pode constituir a base para os estudos de preparação de uma preparação optimizada do extrato de ervas. A reciclagem de resíduos de fruta é um dos meios mais importantes para a sua utilização numa série de formas inovadoras, produzindo novos produtos e satisfazendo as necessidades de produtos essenciais exigidos na nutrição humana, animal e vegetal, bem como na indústria farmacêutica.

A análise fitoquímica dos citrinos revela os metabolitos presentes nos mesmos que apresentam determinados benefícios para a saúde. Pankaja S Chede realizou experiências sobre a análise fitoquímica da casca de *Citrus sinensis* (2013). Na experiência, a casca de *Citrus sinensis* foi analisada quanto à sua composição fitoquímica. Os extractos aquoso e metanólico da casca revelaram a presença de hidratos de carbono, alcalóides, taninos, óleos fixos e lípidos, açúcares, proteínas, terpenóides, esteróides e aminoácidos, enquanto as saponinas estão presentes apenas no extrato etanólico.

A atividade antimicrobiana de diferentes extractos aquosos de limão foi realizada por Nada Khazal Kadhim Hindi, Zainab Adil Ghani Chabuck (2013). O objetivo deste estudo foi avaliar a atividade antimicrobiana de diferentes tipos e partes de limão contra diferentes isolados microbianos. Os efeitos antimicrobianos dos extractos aquosos da casca e do sumo de citrinos frescos e secos e de limão doce contra 6 bactérias Gram-positivas e 8 Gram-negativas e um isolado de levedura, incluindo *Staphylococcus aureus, Staphylococcus epidermidis, Streptococcus pyogenes, Enterococcus faecalis, Streptococcus pneumoniae, Streptococcus agalactiae, Pseudomonas aeruginosa, Enterobacter aerogenes, Klebsiella pneumoniae, Escherichia coli, Salmonella Typhi, Proteus spp., Moraxella catarrhalis, Acinetobacter spp. e Candida albicans*, todos eles foram estudados. Os extractos aquosos de todos os materiais analisados revelaram vários efeitos inibitórios. O sumo de Citrus limon tem mais actividades antimicrobianas do que outros tipos de extractos. As espécies de limão podem ter atividade antimicrobiana contra diferentes bactérias Gram-positivas, Gram-negativas e leveduras e podem ser utilizadas para a prevenção de várias doenças causadas por estes organismos.

Jae-Hee Park, Minhee Lee e Eunju Park (2014) realizaram experiências sobre a atividade antioxidante da polpa e da casca de laranja extraídas com vários solventes. O objetivo deste estudo foi investigar a atividade antioxidante da polpa (OF) e da casca (OP) de laranja extraídas com acetona, etanol e metanol. O potencial antioxidante foi examinado através da medição do conteúdo fenólico total (TPC), da atividade de eliminação do radical 2,2-difenil-1-picrilhidrazil (DPPH) (RSA), do potencial anti-oxidante de captura do radical total (TRAP), da capacidade de absorção do radical de oxigénio (ORAC) e da atividade antioxidante celular (CAA). A elevada atividade antioxidante da casca de laranja, que é um subproduto do processamento da laranja, sugere que pode ser utilizada em alimentos nutracêuticos e funcionais.

Basharat Mehmood, Kamran Khurshid Dar, Shaukat Ali, Uzma Azeem Awan, Abdul Qayyum Nayyer, Tahseen Ghous, Saiqa Andleeb fizeram experiências com base na avaliação in vitro da análise antioxidante, antibacteriana e fitoquímica da casca de *Citrus sinensis* (2015). O efeito antibacteriano dos extractos de casca de *Citrus sinensis* foi avaliado contra várias bactérias patogénicas associadas a infecções humanas e de peixes, nomeadamente *Escherichia coli, Pseudomonas aeruginosa, Klebsiella pneumonia, Staphylococcus aureus, Streptococcus pyogenes, Staphylococcus epidermidis, Shigella flexneri, Salmonella Typhimurium* e *Serratia odorifera*. Os solventes utilizados para a extração foram o metanol, o etanol, o clorofórmio e o éter dietílico. Estes resultados revelam a utilização potencial da casca de *C. sinensis* para tratar doenças infecciosas, que estão a ser causadas por microrganismos.

Em 2016, M.H. Ahmed Abd El-ghfar, Hayam M. Ibrahim, Ibrahim M. Hassan, A.A. Abdel Fattah e Marwa H. Mahmoud fizeram experiências com cascas de limão e laranja para a análise das propriedades químicas e antioxidantes. O seu trabalho teve como objetivo avaliar algumas propriedades químicas e antioxidantes das cascas de limão e laranja (subprodutos primários descartados como resíduos) para identificar a sua potencial utilização como ingredientes funcionais de valor acrescentado. Foram realizados extractos etanólicos ou metanólicos das cascas secas. Foram determinados a composição química aproximada, a vitamina C, os fenólicos e os flavonóides. Todas as amostras analisadas mostraram que as cascas de citrinos são baratas e uma boa fonte de compostos bioactivos naturais e têm boas actividades antioxidantes.

Os citrinos são conhecidos pelos seus valores nutricionais e de promoção da saúde. Nos últimos anos, a atividade antioxidante dos citrinos e o seu papel na prevenção e tratamento de várias doenças crónicas e degenerativas humanas têm atraído cada vez mais atenção. Os citrinos são sugeridos como uma boa fonte de antioxidantes dietéticos. Zhuo Zou, Wanpeng Xi, Yan Hu, Chao Nie, Zhiqin Zhou realizaram estudos sobre a atividade antioxidante dos citrinos (2016). O estudo tinha como objetivo compreender melhor o mecanismo subjacente à atividade antioxidante dos citrinos. O estudo incluiu a análise da atividade antioxidante dos fitoquímicos nos citrinos, introduziu métodos de avaliação da atividade antioxidante, discutiu os factores que influenciam a atividade antioxidante dos citrinos e resumiu o mecanismo de ação subjacente.

Foram realizados estudos sobre Química e Farmacologia de *Citrus sinensis* por Juan Manuel J. Favela-Hernández, Omar González-Santiago, Mónica A. Ramirez-Cabrera, Patricia C. Esquivel-Ferriño e María del Rayo Camacho-Corona (2016). Estudaram a composição química e as actividades farmacológicas das variedades de C. sinensis e a potencial utilização desta planta como fonte de compostos bioactivos. Considerando os benefícios da C. sinensis para a saúde, ela apresenta excelentes opções para tratar ou ajudar em uma doença devido aos seus compostos bioativos (candidatos a medicamentos) que mostram atividades importantes ou para o desenvolvimento de novos produtos, há a necessidade de esclarecimento público sobre a importância da C. sinensis e encontrar e descobrir novos e eficazes compostos de drogas. Este estudo demonstrou a atividade antibacteriana, antioxidante, antifúngica, antiproliferativa, antiparasitária, relaxante e inseticida da C. sinensis.

Experimentos sobre os componentes do óleo essencial das cascas de laranja e a atividade antimicrobiana foram realizados para a análise da eficiência antimicrobiana (Anna Geraci et al., 2017). Neste estudo, as cascas de laranja de 12 cultivares de Citrus sinensis foram utilizadas para obtenção de óleos essenciais e extratos. A atividade antimicrobiana foi investigada contra três microrganismos *(Staphylococcus aureus, Listeria monocytogens e Pseudomonas aeruginosa)*.

Geetha Saramanda e Jyothi Kaparapu (2017) realizaram experiências sobre a atividade antimicrobiana do extrato de casca de citrinos. O objetivo do presente trabalho é avaliar a potência antimicrobiana do extrato de cascas de citrinos. A atividade antimicrobiana foi realizada através de um ensaio de difusão em ágar contra cinco bactérias e três fungos. Os extractos de cascas de citrinos apresentaram a zona de inibição mais elevada contra os agentes patogénicos, em comparação com os controlos Cloranfenicol e Griseofulvina utilizados. O extrato de casca de citrinos mostrou uma boa atividade antimicrobiana, indicando o seu potencial como uma fonte promissora de antimicrobianos naturais.

As cascas de Citrus sinensis são geralmente descartadas como resíduos; no entanto, são fontes ricas em vitamina C, fibra e muitos nutrientes, incluindo fenólicos e flavonóides, que também são bons agentes antioxidantes. Em 2018, Sok Sian Liew, Wan Yong Ho, Swee Keong Yeap, ShaifUl Adzni Bin Sharif Udin fizeram experiências sobre a composição fitoquímica e as actividades antioxidantes in vitro dos extractos de casca de *Citrus sinensis*. Este estudo teve como objetivo examinar a composição fitoquímica e as capacidades antioxidantes da casca de C. sinensis extraída convencionalmente com diferentes solventes metanol/água, etanol/água e acetona/água. Composição fitoquímica e actividades antioxidantes in vitro dos extractos de casca de Citrus sinensis. As cascas de Citrus sinensis são normalmente deitadas fora como resíduos; no entanto, são fontes ricas de vitamina C, fibra e muitos nutrientes, incluindo fenólicos e flavonóides, que são também bons agentes antioxidantes. Este estudo teve como objetivo examinar a composição fitoquímica e as capacidades antioxidantes da casca de C. sinensis extraída convencionalmente com diferentes solventes metanol/água, etanol/água e acetona/água.

A atividade antimicrobiana de extractos aquosos de limão contra algumas bactérias patogénicas foi experimentada por Iman Fadhil Abdul-Husin, Sharafaldin Al-musawi, A. Nada Khazal Kadhim Hindi e Salih Abdul-Mahdi (2018). O objetivo deste estudo foi avaliar a atividade antimicrobiana do extrato aquoso de limão contra diferentes isolados bacterianos. O efeito antimicrobiano foi estudado contra 5 bactérias Gram-positivas e 5 Gram-negativas. Os extractos aquosos de todos os materiais analisados mostraram vários efeitos inibitórios. A atividade antimicrobiana do extrato de limão contra diferentes agentes patogénicos Gram-positivos e Gram-negativos pode ser utilizada para a prevenção de várias doenças causadas por estes organismos.

Nos países em desenvolvimento, os medicamentos à base de plantas são amplamente utilizados para tratar doenças infecciosas. A casca de Citrus limon, rica em nutrientes como os flavonóides e o óleo essencial, pode ser utilizada para a atividade antimicrobiana e anticancerígena. Alhoi Hendry Henderson, Edy Fachrial, I Nyoman Ehrich Lister (2018) fizeram as suas experiências sobre a atividade antimicrobiana do extrato de casca de limão (Citrus limon) contra *Escherichia coli*. A casca de Citrus limon foi extraída com etanol a 96% utilizando extração por maceração e depois dissolvida com DMSO. A atividade antimicrobiana foi testada contra Escherichia coli utilizando o ensaio de difusão em disco. O estudo mostra que a atividade antimicrobiana do extrato etanólico da casca de Citrus limon é forte contra Escherichia coli. O óleo essencial pode romper a membrana bacteriana e danificar a camada de lípidos e proteínas. O flavonoide pode inibir enzimas específicas e eliminar radicais livres. Concluiu-se que o extrato de casca de limão (Citrus limon) tem um elevado potencial de atividade antimicrobiana contra a Escherichia coli.

4. MATERIAIS E MÉTODOS

4.1 Recolha de amostras

Os limões e as laranjas doces, devidamente maduros, foram recolhidos numa frutaria. Os frutos foram descascados cuidadosamente com uma faca afiada. Depois de cortadas, as cascas foram secas à sombra e à temperatura ambiente. Em seguida, as cascas secas foram transformadas em pó utilizando um almofariz e um misturador elétrico. Em seguida, o pó foi armazenado em recipientes fechados para utilização futura.

4.2 Extração de óleos essenciais

O pó de casca de limão seco (5 g) e o pó de casca de laranja (5 g) foram colocados numa placa de Petri. Os óleos essenciais foram extraídos utilizando o método de extração Soxhlet com metanol como solvente. O extrato foi incubado à temperatura ambiente durante a noite para que o metanol se evaporasse e os extractos foram transferidos para tubos Eppendorf adequados.

4.3 Extração Soxhlet

O extrator de Soxhlet é um aparelho de laboratório inventado em 1879 por Franz Von Soxhlet. A casca de limão seca e a casca de laranja em pó são colocadas dentro de um dedal e este é carregado na câmara principal do extrator de Soxhlet. Coloca-se o solvente de extração a utilizar num balão de destilação e coloca-se o balão sobre o elemento de aquecimento. O extrator de Soxhlet é colocado na parte superior do balão. Na parte superior do extrator, coloca-se um condensador de reflexos. O método de extração de Soxhlet utilizou o metanol como solvente para a extração dos óleos essenciais das cascas de limão e de laranja. O solvente é aquecido utilizando a manta de aquecimento e começa a evaporar-se, deslocando-se através do aparelho para o condensador. O condensado escorre então para o reservatório que contém o dedal. Quando o nível de solvente atinge o sifão, volta a ser vertido para o frasco e o ciclo recomeça. No caso da casca de laranja, o óleo foi obtido após 20 ciclos, enquanto que no caso da casca de limão, o OE foi obtido após 18 ciclos.

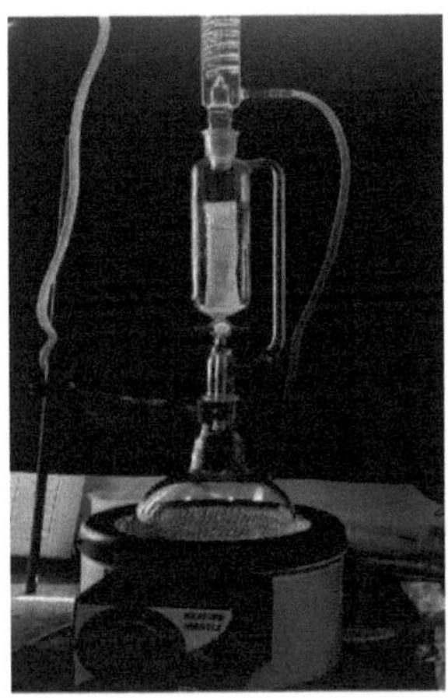

Fig 1 : Extrator de Soxhlet

4.4 Caracterização do óleo essencial

A análise do OE foi efectuada utilizando a cromatografia em camada fina (CCF). Ambas as amostras foram submetidas à cromatografia em camada fina para a análise de compostos fitoquímicos. Tem uma fase estacionária e uma fase móvel. A fase sólida é geralmente a sílica. O solvente é o específico utilizado para cada fitoquímico. Baseia-se na polaridade e afinidade da amostra. Se a amostra se deslocar com o solvente suficientemente alto, tem maior polaridade e, se não, tem menor polaridade mas maior afinidade com a fase móvel. Os fitoquímicos analisados foram alcalóides, flavonóides, taninos, saponinas, glicosídeos, esteróis e terpenóides.

4.5 Método de cromatografia em camada fina

As fases sólidas da folha de sílica são cortadas de acordo com as dimensões mencionadas e as amostras são transferidas para a linha de base utilizando tubos capilares. São colocadas num recipiente com o solvente especificamente preparado para cada fitoquímico. À medida que o tempo passa, o soluto move-se juntamente com o solvente. Finalmente, o fator de retenção é calculado dividindo a distância percorrida pelo soluto desde a linha de base pela distância percorrida pelo solvente.

4.6 Análise fitoquímica

São colhidas ambas as amostras e são realizadas reacções de análise fitoquímica. Cada teste respetivo a cada fitoquímico é efectuado e os resultados são observados e tabulados. Os extractos metanólicos secos das cascas de laranja e de limão são utilizados para a análise fitoquímica. Os procedimentos de reação para cada fitoquímico variam e a observação dos resultados também varia consoante o fitoquímico presente. Os fitoquímicos são também conhecidos como metabolitos secundários, que incluem muitos tipos de metabolitos secundários úteis, tais como alcalóides, flavonóides, taninos, saponinas, etc. As análises fitoquímicas das cascas de citrinos são muito úteis na avaliação de alguns compostos biologicamente activos em alguns vegetais e plantas medicinais. Os alcalóides, flavonóides, taninos, saponinas, glicosídeos, esteróis e terpenóides são os diferentes fitoquímicos analisados.

Teste de alcalóides: A 100 pL de extrato, adicionar 1 ou 2 ml de reagente de Hager. Um precipitado cristalino de cor amarela indica a presença de alcalóides.

Teste de flavonóides: A 100 pL de extrato, adicionam-se algumas gotas de solução de cloreto férrico a 10%. A formação de um precipitado verde indica a presença de flavonóides.

Teste de saponinas: A 100 pL de extrato, adicionam-se 5 a 10 ml de água destilada. Um teste positivo é indicado pela formação de espuma que persiste ao ser aquecida num banho de água durante 5 minutos e a adição de 3 gotas de azeite resulta na formação de uma emulsão.

Teste dos taninos: A 100 pL de extrato, adicionam-se 10 ml de água destilada e 2 a 3 gotas de cloreto férrico a 10%. A formação de uma cor verde acastanhada indica a presença de taninos.

Teste de glicosídeos: A 100 pL de amostra, adiciona-se 1 ml de ácido acético glacial, 1 a 2 gotas de cloreto férrico a 5% e 1 ml de solução conc. H_2SO_4 é adicionado. A formação de um anel castanho na junção da camada superior verde-azulada indica a presença de glicosídeos.

Teste dos terpenóides: A 100 pL de amostra, adicionar 2 ml de clorofórmio e 2 ml de H_2SO_4 conc. A coloração castanho-avermelhada da interface indica a presença de terpenóides.

Teste dos esteróis: A 100 pL de amostra, adicionar algumas gotas de H2SO4 conc., agitar bem e deixar repousar. A formação de cor vermelha na camada inferior indica a presença de esteróis.

4.1 Avaliação da eficácia antibacteriana do extrato metanólico da casca de laranja e de limão

4.7.1 Ensaio de difusão em ágar-poço

A avaliação da atividade antibacteriana é feita utilizando o método de difusão em ágar. Este método é utilizado para testar a eficácia antimicrobiana da casca de laranja e da casca de limão. Para o efeito, são utilizadas determinadas bactérias: *E. coli, S. aureus, E. faecalis.*

Para o extrato de casca de laranja, uma placa para cada *E. coli, S. aureus* e *E. faecalis* e, da mesma forma, para o extrato de casca de limão. Para cada organismo, é colocada uma placa de controlo. Para a E. coli, utiliza-se ágar Lb para a cultura e, para os restantes, utiliza-se ágar BHI. Uma vez solidificado o meio, são perfurados poços em todas as placas, exceto nas placas de controlo. Os poços são perfurados com micropontas. Em seguida, espalham-se as placas com os organismos desejados. A amostra é vertida nos poços em diferentes concentrações, como 10, 25, 50, 75 e 100 micro litros.

Nas placas de controlo, os discos do antibiótico ampicilina são colocados no centro.

Depois de vertida a amostra, as placas são envolvidas e incubadas durante a noite.

As placas foram observadas quanto à atividade antibacteriana através da observação da zona de inibição em torno dos poços que contêm o extrato. Esta é comparada com as placas de controlo com o disco de antibiótico ampicilina e a zona de inibição é medida e tabulada para os três organismos em ambas as amostras de laranja e limão.

4.7.2 Concentração inibitória mínima (CIM)

A CIM do extrato metanólico de casca de laranja e de limão contra *E. coli, S. aureus* e *E. faecalis* será determinada por ensaio de diluição em tubo. Os tubos foram incubados durante 24 h a 37oC. A densidade ótica de cada poço será avaliada após a incubação utilizando um espetrofotómetro UV/VIS a 600 nm antes e depois da incubação em placa a 37oC durante 24 horas. A concentração inibitória mínima (CIM) da amostra que reprimiu o crescimento visível dos organismos foi determinada.

4.8 Determinação da atividade antioxidante do extrato de casca de laranja e de casca de limão pelo método DPPH

A capacidade de eliminação de radicais livres do extrato de casca de laranja e do extrato de casca de limão foi determinada de acordo com o procedimento anteriormente descrito, utilizando o radical estável 2, 2-difenil-1- picrilhidrazil (DPPH), conforme descrito por Ali et al. Uma solução de DPPH recentemente preparada em 0,5 ml de etanol foi adicionada a 3 ml de extrato diluído de casca de laranja e de limão para iniciar a reação antioxidante. A diminuição da absorvância foi medida em intervalos diferentes (isto é, 0, 0,5, 1, 3, 5, 10 e 15 min.) a 517 nm. A absorvância está correlacionada com a ação de eliminação do composto em estudo. As actividades de eliminação de radicais foram expressas em percentagem de inibição e calculadas de acordo com a seguinte fórmula

Atividade de eliminação do radical DPPH (%) = [Controlo Abs - Amostra Abs/Controlo Abs} x100

Em que, Abs controlo é a absorvância da amostra em t = 0 min

Abs amostra é a absorvância da amostra em t = 30 min

5. RESULTADO

5.1 Recolha de amostras

As amostras recolhidas para o estudo são apresentadas na figura 2. O peso total de pó de casca de laranja e de casca de limão recolhido foi de 5 gramas.

Fig 2: Amostras recolhidas para o estudo.

A- Casca de laranja, B- Casca de limão, C- Casca de laranja seca e em pó, D- Casca de limão seca e em pó

5.2 Extração de óleos essenciais

Os óleos essenciais foram extraídos das cascas de limão e laranja pelo método de extração Soxhlet, utilizando metanol como solvente.

AB

 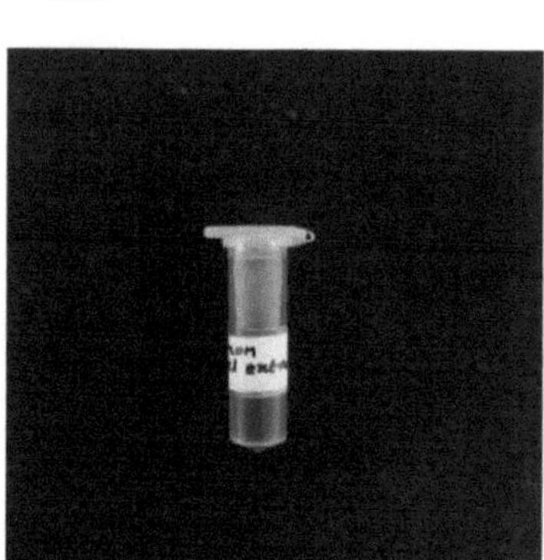

Fig. 3: A- Óleo de extrato metanólico de casca de laranja, B- Extrato metanólico de casca de limão

5.3 Cromatografia de camada fina

A cromatografia de camada fina foi efectuada para a identificação da presença de fitoquímicos e o valor Rf foi calculado.

Tabela 1. Valores Rf obtidos por cromatografia em camada fina

Amostra	Fitoquímico - R_f Valor			
Limão - extrato metanólico	Alcalóides	Taninos	Saponina	Glicosídeo
	0.97	0.96	0.95	0.97
Laranja - extrato metanólico	0.98	0.98	0.96	0.96

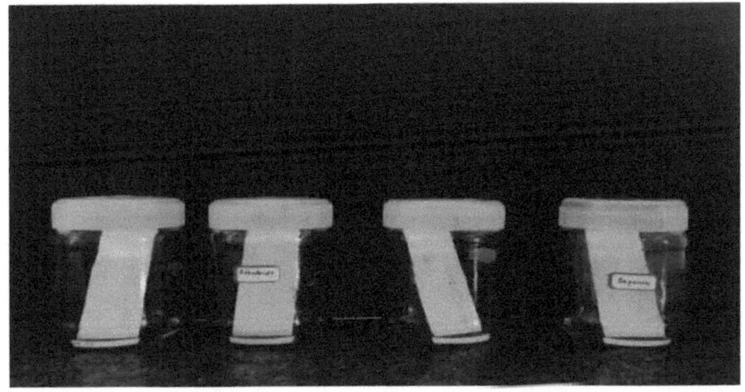

Fig 4: TLC efectuado para separação e identificação dos fitoquímicos presentes

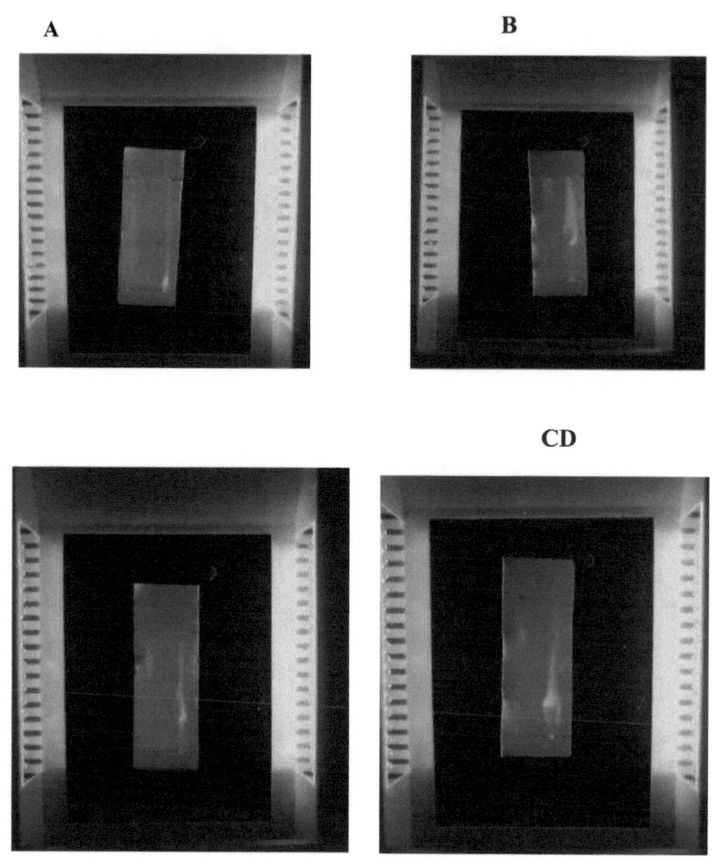

Fig. 5: Cromatografia em camada fina visualizada sob um iluminador UV trans A- Alcalóides, B- Glicosídeos, C- Taninos, D- Saponinas

5.4 Análise fitoquímica qualitativa do extrato de casca de laranja e de limão

A análise fitoquímica foi efectuada para detetar a presença de substâncias fitoquímicas utilizando amostras de óleo de casca de laranja e de limão.

Quadro 2: Análise fitoquímica dos extractos de casca de laranja e de limão

Sl. Não	Amostra	Fitoquímico	Teste	Resultado
1.	Extrato metanólico de casca de laranja	Alcalóides	Teste do reagente de	Positivo
		Terpenóides	Teste Salkowski	Positivo
		Flavonóides	Ensaio com cloreto	Positivo
		Taninos	Teste de Braymer	Positivo
		Saponinas	Teste de espuma	Negativo
		Glicosídeos	Teste de Keller-Killani	Positivo
		Esteróis	Teste Salkowski	Positivo
2.	Extrato metanólico de casca de limão	Alcalóides	Teste do reagente de	Negativo
		Terpenóides	Teste Salkowski	Positivo
		Flavonóides	Teste do reagente	Positivo
		Taninos	Teste de Braymer	Positivo
		Saponinas	Teste de espuma	Negativo
		Glicosídeos	Teste de Keller-Killani	Positivo
		Esteróis	Teste Salkowski	Positivo

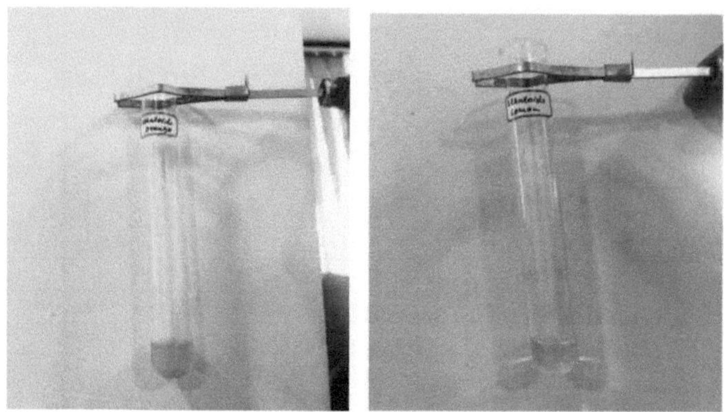

Fig. 6(A): Teste fitoquímico de alcalóides para laranja e limão

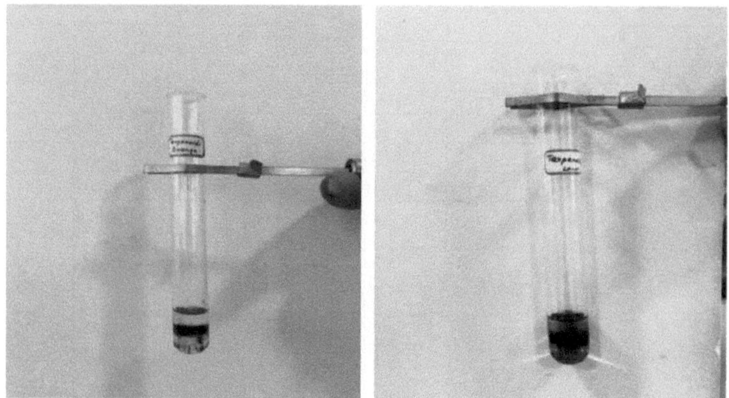

Fig 6(B): Teste fitoquímico de terpenóides para laranja e limão

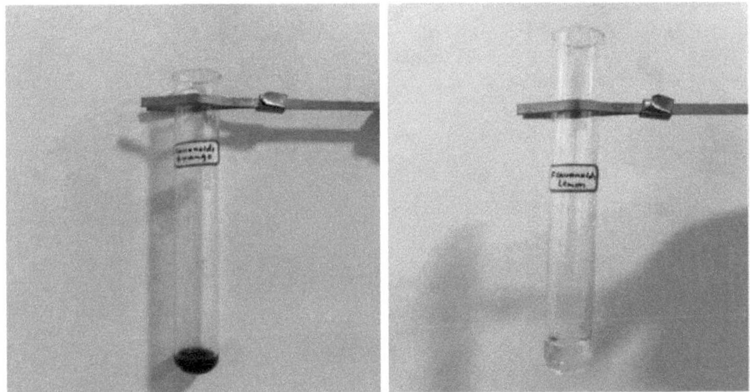

Fig. 6(C): Teste fitoquímico de flavonóides para laranja e limão

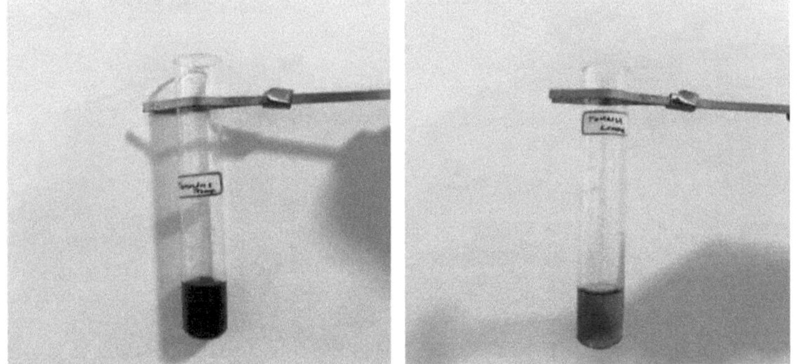

Fig. 6 (D): Teste fitoquímico dos taninos da laranja e do limão

Fig. 6 (E): Teste fitoquímico de glicosídeos para laranja e limão

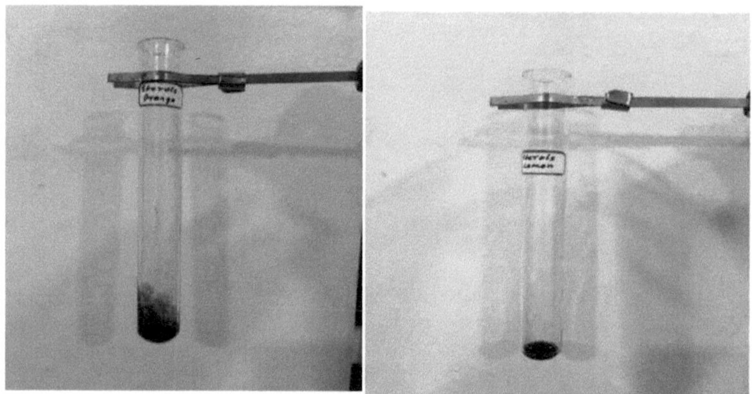

Fig. 6(F): Teste fitoquímico de esteróis para laranja e limão

5.5 Avaliação da eficácia antibacteriana do extrato metanólico das cascas de laranja e de limão 5.5.1 Ensaio de difusão em poços de ágar

O ensaio de eficácia antimicrobiana foi efectuado nas amostras de casca de limão e de laranja utilizando o método de difusão em ágar. Foi colocado um disco de ampicilina como controlo e as zonas de inibição foram observadas e calculadas.

Tabela 3: Ensaio antimicrobiano e zona de inibição

Organismo	Controlo	Zona de inibição								
		Extrato de casca de limão				Extrato de casca de laranja				
		10pL	25 pL	50pL	100pL	10pL	25 pL	50pL	75 pL	100pL
E. coli	10 mm	3mm	4mm	8 mm	16 mm		5mm	7 mm	9 mm	10 mm
S. aureus	13 mm	0	0	4mm	13 mm				9 mm	11 mm
E. faecalis	1 1 mm			4mm	12 mm					10 mm

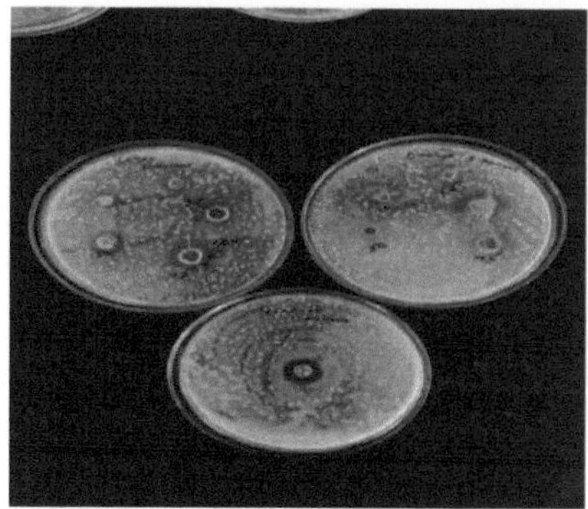

Fig. 7(A): Ensaio de atividade antimicrobiana dos extractos de casca de laranja e de limão contra
A. aureus

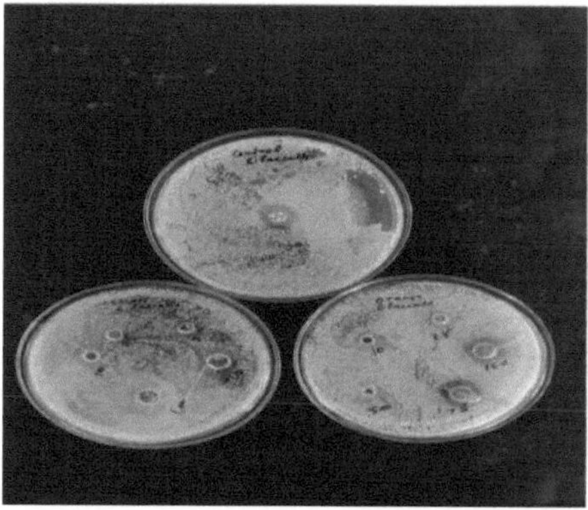

Fig. 7 (B): Ensaio de atividade antimicrobiana dos extractos de casca de laranja e de limão contra *E.*
faecalis

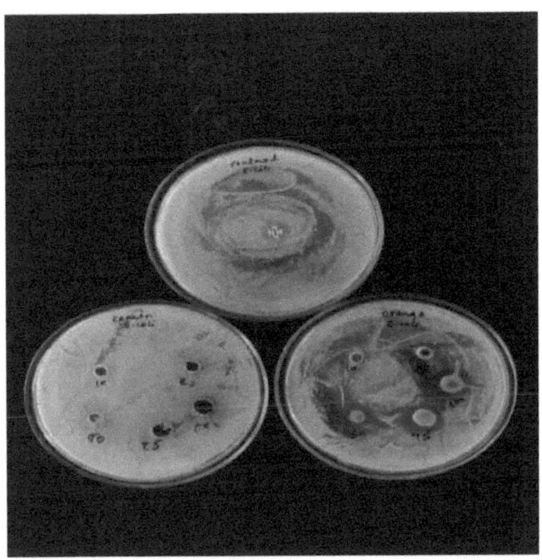

Fig. 7 (C): Ensaio de atividade antimicrobiana dos extractos de casca de laranja e de limão contra *E. coli*

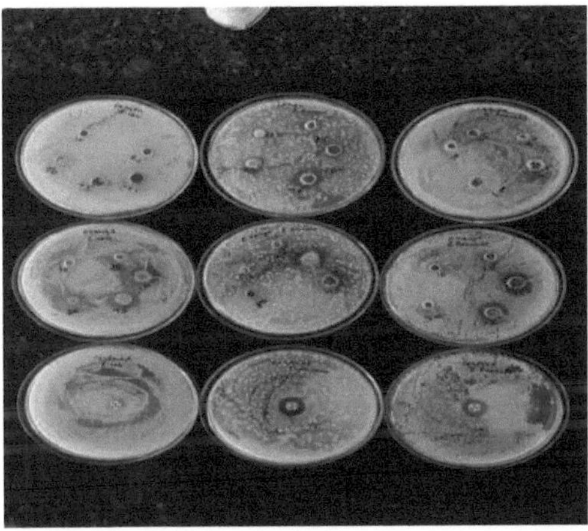

Fig. 7(D): Ensaio de atividade antimicrobiana dos extractos de casca de laranja e de limão pelo método de difusão em ágar

5.5.1 Concentração inibitória mínima (CIM)

A concentração inibitória mínima para ambas as amostras foi avaliada contra os isolados bacterianos e os valores foram registados e tabulados.

Tabela 4(A): Concentrações inibitórias mínimas - Extrato de casca de laranja

Conc. do extrato	Absorvância a 600 nm		
Amostra-Laranja	S. aureus	E. coli	E. faecalis
7.5	0.719	0.823	0.866
8	0.732	0.865	0.875
8.5	0.782	0.873	0.880
9	0.818	0.873	0.889
9.5	0.819	0.874	0.90
10	0.821	0.873	0.90
Em branco	0	0	0
Controlo -ve	0.750	0.763	0.742

Tabela 4(B): Concentrações inibitórias mínimas - Extrato de casca de limão

Conc. do extrato	Absorvância a 600 nm		
Amostra-Limão	S. aureus	E. coli	E. faecalis
7.5	0.731	0.729	0.651
8	0.717	0.736	0.658
8.5	0.739	0.750	0.664
9	0.745	0.757	0.680
9.5	0.750	0.757	0.745
10	0.750	0.757	0.745
Em branco	0	0	0
Controlo -ve	0.750	0.763	0.742

5.6 Determinação da atividade anti-oxidante do extrato de casca de laranja e de casca de limão por

Método DPPH

A atividade antioxidante das amostras de casca de limão e laranja foi realizada utilizando o ensaio de eliminação do radical DPPH.

Tabela 5: Actividades de eliminação de radicais % (DPPH) da casca de laranja seca e da casca de limão extraídas com metanol

Amostra de casca	Extrato Solvente	Controlo D.O. a 517 nm	D.O. da amostra a 517 nm	Atividade de eliminação do radical DPPH (%)
Casca de laranja	Metanol	1.567	0.511	67.33%
Casca de limão	Metanol	1.567	0.705	55.01%

**Fig. 8: Ensaio
DPPH**

<u>6.</u>   **DISCUSSÃO**

Os resultados obtidos no presente estudo indicam que os óleos essenciais extraídos das enguias de laranja e limão têm atividade antioxidante e antimicrobiana e a presença de vários fitoquímicos, tais como alcalóides, flavonóides, terpenóides, taninos, saponinas, glicosídeos e esteróis. A presença destes fitoquímicos está a ter efeitos muito bons para a saúde humana. A atividade antimicrobiana de ambas as amostras foi analisada contra *E. coli, E. faecalis e S. aureus*, o que resultou no facto de ambas as amostras terem efeito contra estas bactérias patogénicas. O efeito antimicrobiano destas amostras poderia ser utilizado para a prevenção de várias doenças causadas por estes organismos. A elevada atividade antioxidante da casca de laranja, que é um subproduto do processamento da laranja, sugere que pode ser utilizada como suplemento alimentar e na preparação de medicamentos naturais. As espécies de limão podem ter atividade antimicrobiana contra diferentes agentes patogénicos Gram-positivos, Gram-negativos e leveduras e podem ser utilizadas para a prevenção de várias doenças causadas por estes organismos (Nada Khazal Kadhim *et al., 2013*). O extrato de casca de Citrus sinensis e Citrus limon pode ser considerado tão potente como os antibióticos, tais como a meticilina e a penicilina (K Ashok Kumar *et al., 2011*). Os desenvolvimentos futuros deste tópico podem levar a uma maior utilização dos resíduos de artigos de frutas e legumes de uma forma mais eficiente. Pode ajudar a analisar o potencial antimicrobiano e antioxidante dos extractos das amostras. Além disso, pode levar a uma maior incorporação desses produtos na dieta.

<h1 style="text-align:center;"><u>7.</u>   <u>CONCLUSÃO</u></h1>

As enguias de laranja e limão têm uma elevada atividade antioxidante e antimicrobiana. As geleias de laranja e de limão podem ser uma alternativa de utilização nas indústrias alimentar, farmacêutica e cosmética. Estes produtos, utilizados noutras indústrias, podem constituir a base para os estudos destinados a aumentar a utilização de extractos de plantas. A reciclagem de resíduos de fruta é um dos meios mais importantes para a sua utilização numa série de formas inovadoras, produzindo novos produtos e satisfazendo as necessidades de produtos essenciais exigidos na nutrição humana, animal e vegetal, bem como na indústria farmacêutica. A reutilização de cascas de resíduos de citrinos, que são formas inovadoras muito importantes de produzir uma maior quantidade de novos produtos benéficos, essenciais e saudáveis a um custo muito baixo, a utilização de resíduos de cascas de citrinos pode ser utilizada em múltiplas áreas, como a indústria alimentar e a indústria cosmética, para fabricar um produto de beleza a um preço muito baixo, e as cascas de citrinos também são utilizadas como medicamentos muito eficazes contra as bactérias patogénicas, os fungos e os vírus e, além disso, as cascas de citrinos aumentam a imunidade dos seres humanos, porque são uma fonte natural de vitamina C, que protege o corpo humano de doenças. As cascas de citrinos são ricas em nutrientes que são benéficos e necessários para a nutrição humana, animal e vegetal. Por isso, são utilizadas na indústria farmacêutica. Este trabalho identificou a atividade antibacteriana, antiviral, antifúngica e antioxidante das cascas de citrinos. Este estudo mostrou que as cascas de frutos secos de diferentes citrinos são fontes ricas de compostos antioxidantes e de atividade antibacteriana, e a exploração destes recursos renováveis abundantes e de baixo custo pode ser antecipada para a indústria farmacêutica e alimentar com oportunidades de desenvolvimento de novos ingredientes para a formulação de produtos alimentares funcionais e/ou produtos farmacêuticos.

8. REFERÊNCIA

1. Gorinstein, S., Martín-Belloso, O., Park, Y. S., Haruenkit, R., Lojek, A., Cíz, M., ... & Trakhtenberg, S. (2001). Comparação de algumas características bioquímicas de diferentes citrinos. *Food chemistry, 74(3),* 309-315.

2. Prior, R. L., Wu, X., & Schaich, K. (2005). Métodos padronizados para a determinação da capacidade antioxidante e fenólicos em alimentos e suplementos dietéticos. *Journal of agricultural and food chemistry, 53*(10), 4290-4302.

3. Anagnostopoulou, M. A., Kefalas, P., Papageorgiou, V. P., Assimopoulou, A. N., & Boskou, D. (2006). Atividade de eliminação de radicais de vários extractos e fracções de casca de laranja doce (Citrus sinensis). *Química alimentar, 94*(1), 19-25.

4. NAKHAEI, M. M. (2009). Atividade antimicrobiana in vitro do extrato metanólico da casca de laranja (Citrus sinensis) contra isolados clínicos de Helicobacter pylori.

5. Amandeep, S., Bilal, A. R., & Bevguni,A. (2009). Atividade antibiótica in vitro do óleo volátil isolado de Citrus sinensis. *IJPRD, 7,* 1-4.

6. Dhanavade, M. J., Jalkute, C. B., Ghosh, J. S., & Sonawane, K. D. (2011). Estudo da atividade antimicrobiana do extrato de casca de limão (Citrus lemon L.). *British Journal of pharmacology and Toxicology, 2*(3), 119-122.

7. Kumar, K. A., Narayani, M., Subanthini, A., & Jayakumar, M. (2011). Atividade antimicrobiana e análise fitoquímica de cascas de frutas cítricas - utilização de resíduos de frutas. *In ternational Journal of Engineering Science and Technology, 3*(6), 5414-5421.

8. Dubey, D., Balamurugan, K., Agrawal, R. C., Verma, R., & Jain, R. (2011). Avaliação da atividade antibacteriana e antioxidante do extrato metanólico e hidrometanólico de cascas de laranja doce. *Investigação Recente em Ciência e Tecnologia, 3*(11).

9. Arora, M., & Kaur, P. (2013). Triagem fitoquímica de casca e polpa de laranja. *Revista Internacional de Investigação em Engenharia e Tecnologia,*

2(12), 517-520.

10. Hindi, N. K. K., & Chabuck, Z. A. G. (2013). Atividade antimicrobiana de diferentes extratos aquosos de limão. *Jornal de Ciências Farmacêuticas Aplicadas, 3*(6), 74.

11. Park, J. H., Lee, M., & Park, E. (2014). Atividade antioxidante da polpa e casca da laranja extraída com vários solventes. *Nutrição Preventiva e Ciência dos Alimentos, 19(4),* 291.

12. Favela-Hernández, J. M. J., González-Santiago, O., Ramírez-Cabrera, M. A., Esquivel-Ferriño, P. C., & Camacho-Corona, M. D. R. (2016). Química e farmacologia de Citrus sinensis. *Moléculas, 21*(2), 247.

13. Abdul-Husin, I. F., Al-musawi, S., Hindi, A. N. K. K., & Abudl-Mahdi, S. (2018). EXTRATOS AQUOSOS DE LIMÃO COMO AGENTE ANTI MICROBIANO CONTRA ALGUMAS BACTÉRIAS PATOGÊNICAS. *Arquivos de Plantas, 18*(1), 431-434.

14. Geraci, A., Di Stefano, V., Di Martino, E., Schillaci, D., & Schicchi, R. (2017). Componentes do óleo essencial de cascas de laranja e atividade antimicrobiana. *Pesquisa de produtos naturais, 31*(6), 653-659.

15. Saramanda, G., & Kaparapu, J. (2017). Atividade antimicrobiana do extrato de casca de frutas cítricas fermentadas. *Int. J. Eng. Res. Appl, 7,* 25-28.

16. Zou, Z., Xi, W., Hu, Y., Nie, C., & Zhou, Z. (2016). Atividade antioxidante de frutas cítricas. *Química alimentar, 196,* 885-896.

17. Henderson, A. H., Fachrial, E., & Lister, I. N. E. (2018). Atividade antimicrobiana do extrato de casca de limão (Citrus limon) contra Escherichia coli. *Revista Americana de Investigação Científica Académica para Engenharia, Tecnologia e Ciências, 39*(1), 268-273.

18. Liew, S. S., Ho, W. Y., Yeap, S. K., & Sharifudin, S. A. B. (2018). Composição fitoquímica e atividades antioxidantes in vitro de extratos de casca de Citrus sinensis. *PeerJ, 6,* e5331.

19. Mehmood, B., Dar, K. K., Ali, S., Awan, U. A., Nayyer, A. Q., Ghous, T., & Andleeb, S. (2015). avaliação in vitro da análise antioxidante, antibacteriana e fitoquímica da casca de Citrus sinensis. *Revista paquistanesa de ciências*

farmacêuticas, 28(1).

20. Chede, P. S. (2013). Análise fitoquímica da casca de Citrus sinensis. *Revista Internacional de Ciências Farmacêuticas e Biológicas*, 4(1), 339-343.

21.   Zou, Z., Xi, W., Hu, Y., Nie, C., & Zhou, Z. (2016). Atividade antioxidante de frutas cítricas. *Química alimentar*, 196, 885-896.

9. Apêndice

9.1. Ágar Luria Bertani

INGREDIENTES	Grama
Triptona	1
Y Este Extrato	0.5
NaCl	1
Ágar Bacto	1.5

9.2. Ágar de infusão cérebro-coração

INGREDIENTES	Grama/litro
Pó para infusão HM	12.500
BHI em pó	5.000
Proteose peptona	10.000
Dextrose (Glucose)	2.000
Cloreto de sódio	5.000
Fosfato dissódico	2.500
Ágar	15.000

9.3. Caldo LB

INGREDIENTES	Grama
Triptona	1
Y Este Extrato	0.5

NaCl	
	1

9.4. Caldo BHI

INGREDIENTES	Grama/litro
Pó para infusão HM	12.500
BHI em pó	5.000
Proteose peptona	10.000
Dextrose (Glucose)	2.000
Cloreto de sódio	5.000
Fosfato dissódico	2.500

9.5 Reagentes

> Reagente de Hager
> 10% Cloreto férrico
> ácido acético glacial
> cOnc.H_2SO_4
> clorofórmio
> Solução de DPPH
> Metanol

MIX
Papier aus verantwortungsvollen Quellen
Paper from responsible sources
FSC® C105338
FSC
www.fsc.org